La terre ne bouge pas

Gustave Plaisant

La terre ne bouge pas

Avant-Propos de l'éditeur (2017)

Avez-vous déjà pensé à ce qui passerait sur la terre arrêtait de tourner ?

À en croire les scientifiques, ce serait un irrémédiable désastre, un cataclysme sans équivalent.

> « Tout ce qui ne constitue pas la Terre ou n'est pas en sécurité au niveau des pôles continuerait de se déplacer comme avant, explique ainsi Michael Stevens. Tout serait projeté vers l'est à plus de 1.000 km/h. Votre corps se transformerait en balle de calibre 9 mm. »

En conséquence de quoi tourbillons supersoniques, vents atomiques, radiations mortelles et tsunamis mettraient fin à l'humanité.

Bien sûr, ce scénario-catastrophe présuppose qu'actuellement, la terre tourne, de la même manière que Gontran ne peut arrêter de fumer que s'il fumait auparavant.

Mais (me direz-vous sans doute), bien sûr que la terre tourne ! Tout le monde le sait ; il faudrait être complètement idiot ou fou à lier pour prétendre autre chose... Supposer, même une demi-seconde, que la terre est immobile est tout simplement *ridicule* !

Ridicule, oui.

Mais à une autre époque, c'était l'idée que la terre bouge qui paraissait ridicule. Une idée peut devenir ridicule, ou cesser d'être ridicule, sans que son caractère plus ou moins risible ne change quoi que ce soit au fait qu'elle est fausse... ou vraie. L'héliocentrisme n'était ni plus vrai, ni plus faux, à l'époque où il passait pour absurde, et il en va de même pour le géocentrisme : il n'est ni plus vrai, ni plus faux, à l'époque où il passe pour une théorie délirante, même si cette époque est la nôtre... Les planètes sereines ne se laissent pas influencer par les théories et les modes, leurs orbites ne changent pas en fonction de nos folies.

Pourquoi croyons-nous que la terre tourne ?

Avec un minimum d'introspection, je pense que vous arriverez à la conclusion suivante : nous croyons que la terre tourne parce qu'on nous l'a dit dès le CM1 ou le CE2 et que tout le monde autour de nous croit exactement la même chose... Dans le concert de l'héliocentrisme, il n'y a pas de fausse note.

La terre ne bouge pas

Ce que nous apprenons tout petits, nous continuons à le croire toute notre vie, sauf si les circonstances (et le livre que vous tenez entre les mains fait partie des circonstances en question) nous invitent chaleureusement à re-examiner nos croyances. De même, ce que tout le monde croit autour de nous, nous avons tendance à le croire aussi, parce que ce consensus nous impressionne et que, malgré nous peut-être, nous lui accordons la valeur d'une preuve rationnelle. Mais ça n'en est pas une. Non seulement on peut être nombreux à avoir tort, mais on peut même être extrêmement nombreux à se gourer dans les plus grandes largeurs.

À propos de l'adhésion inconditionnelle à l'héliocentrisme, voici ce que dit un écrivain scientifique, Alberto A. Martinez :

« Il y a des siècles, les professeurs enseignaient que le soleil tourne autour de la terre, et cela semblait évident ; de nos jours, ils enseignent le contraire, et cela semble évident. Il est facile d'accepter les connaissances scientifiques de base sans savoir pourquoi les scientifiques y croient, mais cela ferait apparaître la science comme une doctrine de plus, et rien de plus. »[1]

---

1 Dans son livre *Science secrets : The truth about Darwin's Finches, Einstein's Wife, and Other Myths*

Gustave Plaisant

Le petit livre que vous allez lire a été publié en 1932. Pourquoi ré-éditer cette brochure géocentriste ?

Tout simplement parce que les arguments de Gustave Plaisant sont toujours aussi valables. Rien, depuis 1932, n'est venu le réfuter. Mais le mieux est que vous lisiez et jugiez par vous-même...

Lucia Canovi

Avant-Propos de l'éditeur (1932)

Nous avons reçu une très curieuse petite brochure : « *La Terre ne bouge pas* ».

Son auteur, un ancien polytechnicien, détruit les théories d'Einstein et la Relativité au nom de quatre expériences qui prouvent que la Terre ne bouge pas. On y trouve clairement et simplement traitée, à la portée de tout le monde, la thèse énoncée par le titre.

I - La Science et la Crise

Les événements formidables et désordonnés qui se succèdent à une allure qui va chaque jour s'accélérant dans tous les domaines, ont, au moins pour un temps, fait l'accord entre tous les penseurs que ce n'est pas du progrès matériel qu'il faut attendre une amélioration : le problème est d'ordre moral ou d'ordre intellectuel.

Ceux qui ne voient le salut que dans l'ordre moral, en négligeant la raison et l'intelligence, se trompent, à mon avis, beaucoup : les droits et les devoirs de l'intelligence dans toutes les activités humaines sont primordiaux et même le pourquoi de la création de l'homme, à savoir de connaître, d'aimer et de servir Dieu, met bien dans l'ordre l'emploi des facultés de l'homme, qui a tout d'abord son intelligence pour connaître. Et c'est ainsi que la relation entre la crise actuelle et la science bâtie par l'intelligence et la raison peut être utile à considérer.

Saint Paul affirme, en effet, que l'Univers visible est construit sur l'Univers invisible ; le concile du Vatican déclare anathème celui qui nie qu'on puisse découvrir Dieu à la vue des choses créées, et, si je fais allusion à ces textes, ce n'est pas pour faire œuvre de théologien, mais seulement pour montrer quelle néfaste influence peut avoir sur toute la philosophie, une erreur scientifique importante sur la constitution de l'Univers.

Tout le monde sait bien qu'on doit chercher la vérité, qu'il est nécessaire, avant d'affirmer l'exactitude d'une somme, d'être revenu en arrière pour vérifier l'addition ; mais combien oublient que l'intelligence se déprave dans l'erreur et l'absurdité tout comme un enfant se salit dans la boue ? L'examen de conscience est indispensable à la pureté du cœur, pourquoi donc l'examen de science ne serait-il pas indispensable à la clarté de l'intelligence ?

On a parlé beaucoup, ces derniers temps, de l'avertissement donné à M. Caillaux au sujet de la gravité de la crise mondiale. M. Caillaux veut faire appel à l'*intelligentsia*. Je crois qu'il est malheureusement trop préoccupé de la continuation de la marche en avant. Il semble espérer qu'un « plus malin » nous sortira des difficultés actuelles, et sa théorie cadre mal avec la moralité, car on peut être malin sans être sincère et telle société financière en difficultés ferait souvent œuvre plus morale et plus féconde en révisant et réparant ses fautes passées qu'en se confiant à de nouveaux directeurs « encore plus malins ».

M.Caillaux parle aussi du « monde sans âme » et se rallie ainsi au désir de M. Bergson de voir l'homme acquérir « un supplément d'âme ». Ce sont là seulement des mots, mais des mots très dangereux. Chaque homme a son âme, douée de tout ce qui lui est nécessaire pour arriver au bonheur, si son libre arbitre choisit bien ; parler de l'âme du monde, c'est faire de l'humanité un être. Cet être n'existe pas. Il n'existe hélas ! à ce point de vue, que des mentalités, des foules, beaucoup plus maniables par des démons d'erreur que chaque âme en particulier.

Le véritable rôle de l'intelligence à l'heure actuelle serait donc tout d'abord de rechercher les graves erreurs possibles et de les réparer sans hésitation et sans respect humain. Ce serait là de la vraie pénitence.

L'actualité fait aussi grand cas, du moins parmi les catholiques, des idées de M. Daniel Rops, auteur du « *Monde sans âme* », qui, dans son livre *Les années tournantes*, analyse les griefs de la jeunesse contre la civilisation actuelle. D'après lui, « la jeunesse reproche à la civilisation dans laquelle elle vit, de ne lui proposer aucune explication satisfaisante de son rôle sur la terre, de laisser l'individu sans connaissances sûres, sans espoir irréfutable, dans un désert où errent les fantômes des vérités traditionnelles que la raison a tuées ».

Ce sont là de graves paroles qui reflètent parfaitement l'état chaotique de toute la philosophie. D'ailleurs ce qu'on appelle philosophie à l'heure actuelle n'a plus le même sens qu'autrefois. La recherche de la sagesse et de la vérité qui était la philosophie d'autrefois, a fait place à la constitution de véritables catalogues d'idées qui sont toutes traitées et discutées sur le même pied d'égalité. J'ai lu, il n'y a pas longtemps, dans une revue catholique, un long article où s'étalaient les pires hérésies modernistes, comme dans un catalogue à la fin duquel l'auteur, non seulement ne s'indignait pas, non seulement ne réfutait pas, mais témoignait sa grande satisfaction de voir la philosophie moderne si active.

Un simple regard en arrière dans l'histoire de la philosophie ramène d'ailleurs très vite à un carrefour très important de l'histoire de l'humanité. Avant Copernic et Galilée, une unité admirable régnait en philosophie : l'affaire Galilée dont tant de catholiques ne veulent plus entendre parler, est certainement une des questions dont un nouvel examen s'impose de plus en plus. C'est depuis cette époque que la science ne permet plus de donner une explication satisfaisante à l'Univers.

D'ailleurs, M. Daniel Rops n'a-t-il pas été un peu léger en parlant de vérités traditionnelles que la raison a tuées ? Il aurait mieux fait de parler des vérités traditionnelles que la raison *croit* avoir tuées, car il aurait alors peut-être eu un doute et aurait conseillé de vérifier si ces vérités traditionnelles, que, dans le temps, on appelait vérités éternelles, sont vraiment tuées, ou bien si elles n'attendent pas, éternellement vivantes derrière le voile d'erreurs et de mensonges qui aveugle actuellement l'humanité, que des hommes sincères les découvrent à nouveau pour les adorer.

C'est à cet examen que je me propose de procéder dans la tribune de *La Province*, heureux si je puis intéresser ses lecteurs, comme depuis dix ans je sais intéresser mes élèves en faisant chaque jour de nouveaux progrès sur le chemin de vérité.

II La Terre ne bouge pas... ?

À propos de la conférence donnée récemment à Dunkerque par Mademoiselle Bernson, nous avons reçu la lettre suivante :

Lille, le 25 Décembre 1933,

107, Rue Nationale.

Monsieur, le Directeur du « *Nord Maritime* » :

Voulez-vous permettre à un de vos lecteurs quelques observations au sujet des conférences de Mademoiselle Bernson sur l'astronomie ?

La conférencière, tout comme les dirigeants des sociétés d'astronomie populaire, prêche l'immensité d'un univers matériel infini, la pluralité des mondes et semble heureuse quand elle affirme que l'homme n'est qu'un grain de sable sur un grain roulant dans l'immensité. Ces poétiques affirmations ne sont malheureusement appuyées que sur des erreurs très répandues, c'est entendu, mais erreurs tout de même.

La vitesse de la lumière est bien de 300.000 kilomètres par seconde sur terre au niveau de la mer, mais absolument rien ne prouve qu'elle est la même dans l'espace ; on aurait peut-être de grandes surprises en la mesurant au sommet du Mont-Blanc, et c'est la crainte de ces surprises qui explique le refus des astronomes modernes de procéder à ces expériences.

La confusion entre le soleil (je ne dis pas *notre* soleil) et les étoiles est également une vérité fort discutable qui ne se maintient que par l'aveuglement des conférenciers et de leur public. La constitution des étoiles est tout à fait différente de celle du soleil.

Cette confusion a comme origine les hypothèses de Laplace, bien discutables maintenant sur l'existence d'une nébuleuse (boule de feu) primitive et ces hypothèses ont pour base, tout le monde le sait, la théorie, reconnue actuellement fausse, qui mettait le soleil immobile au centre du monde.

Malheureusement le progrès humain est ainsi fait que les générations successives préfèrent accumuler les erreurs, quitte à plaider l'impossibilité de trouver la vérité ou de comprendre quoi que ce soit à la destinée humaine, au lieu de revenir sur leurs pas.

La vérité est que la science astronomique moderne est dans l'erreur la plus complète : la terre ne bouge pas. Quatre expériences qu'on cache soigneusement au public et encore plus aux élèves de nos écoles, prouvent indiscutablement que la terre ne se déplace pas, pas plus autour du soleil qu'autour de n'importe quel astre ; elle est immobile. Et si, comme je l'espère de votre impartialité, vous voulez bien mettre en discussion cette grave question dans votre intéressant journal, je suis à votre disposition pour éclairer vos lecteurs.

Veuillez agréer........

28 Déc. 1933.

« Monsieur le Directeur

du « *Nord Maritime* »

« En vous remerciant de la courtoisie avec laquelle vous avez publié in-extenso ma lettre du 25 Décembre, je me mets à votre disposition pour la discussion publique de la grave question scientifique qu'elle soulève. Comme il est très important de sérier les questions, je propose tout d'abord de discuter si la terre se déplace autour du soleil. Nous verrons ensuite à décider si elle tourne sur elle-même ou si c'est tout l'univers qui tourne autour d'elle. Il est possible que la discussion nous entraîne parfois sur le terrain philosophique et même sur le terrain religieux : en ce qui me concerne, je m'efforcerai de parler scientifiquement, c'est-à-dire sur des faits et des expériences. Une discussion analogue se déroule, depuis plus de sept mois dans « La Province », un journal de Rennes, à la grande satisfaction de ses lecteurs. Naturellement, selon les contradicteurs, la discussion prendra vite dans le « Nord Maritime » son caractère spécial ; ce que je demande à mes futurs contradicteurs, c'est de se mettre à la portée du public, à l'aide de faits bien connus, sans étalage de vaine science et surtout sans formules algébriques et sans éloquence hors de saison. Dans un premier article, j'indiquerai d'où viennent Einstein et sa relativité. Dans les articles suivants, je décrirai les quatre expériences dont j'ai parlé et qui démontrent l'immobilité de la terre.

III D'où vient la Relativité

Il y a quelques mois, les aventures d'Einstein, bien oubliées déjà dans le tourbillon prodigieux des événements, avaient inquiété tous ceux qui devinent les dangers d'une philosophie relativiste. Beaucoup s'étaient étonnés de la rapidité avec laquelle le Parlement avait voté l'octroi d'une chaire au Collège de France à Einstein, qui est naturellement installé en Amérique. Le Gouvernement avait présenté ce projet de loi comme un acte généreux envers un savant opprimé et chassé de sa patrie d'adoption.

Or, le relativisme, frère du scepticisme, destructeur de toute métaphysique et de toute logique, est une philosophie germanique ; la relativité d'Einstein n'est qu'un effort constant pour appuyer ce relativisme de preuves d'ordre scientifique, tout en démolissant la physique, la mécanique et la géométrie. Et voilà que l'Allemagne, après avoir, pendant un siècle, diffusé dans le monde son erreur philosophique, rejette maintenant de son sein son fils adoptif, Einstein ! Ne serait-ce pas pour lui faire obtenir une auréole de martyr et d'homme de paix, qui faciliterait d'autant les progrès des mensonges scientifiques et philosophiques, particulièrement dans la généreuse France ?

On ne trouve dans aucun livre de Relativité, une définition de la Relativité. Chaque auteur attaque la question à sa manière ; il n'existe pas deux disciples d'Einstein qui disent la même chose. Si votre ami fait devant vous l'éloge d'Einstein, demandez-lui de vous expliquer en quoi consistent ses théories. Vous le verrez, à coup sûr, tirer sa montre, vous quitter et s'éloigner vers un rendez-vous oublié. Dans une grande revue anglaise, un objecteur avait réussi à demander des explications sur les lignes droites chères à Einstein, celles qui, prolongées indéfiniment, reviennent à leur point de départ ; il lui fut répondu que, du moment qu'Einstein avait parlé, on n'avait pas besoin de comprendre. Une pareille situation ne s'explique que par la puissance d'un état-major qui assure la diffusion de l'absurde doctrine en soignant la popularité du chef de la secte relativiste.

Il est heureusement plus facile de chercher d'où est venue la Relativité et d'analyser ses bases scientifiques. Cette enquête, à laquelle les circonstances m'ont amené d'une façon toute naturelle, m'a permis de faire en même temps tout le procès de l'Astronomie moderne.

Ceux de mon âge (j'ai soixante ans) savent de quelle auréole d'infaillibilité la science était couronnée, il y a encore quarante ans. Les tribuns populaires avaient alors vraiment beau jeu pour exalter dans les usines le génie humain, pour prédire une civilisation définitivement orientée vers le progrès sans fin, pour encourager les ouvriers à souffrir encore un peu, afin que l'humanité devienne éternellement heureuse. Et ne peut-on pas les excuser d'avoir considéré l'affaire Galilée et les progrès d'une astronomie, qui reculait chaque jour les limites de la matière, comme des armes légitimes pour détruire tout ce qui paraissait s'opposer au progrès humain ?

À l'école laïque, au lycée, à Polytechnique, tous mes professeurs avaient allumé dans mon intelligence l'amour de la vérité scientifique basée sur les expériences, et je dois dire qu'aujourd'hui encore, je place très haut cet amour de la vérité scientifique, car l'étude de l'Univers est certainement un excellent moyen d'arriver à la vérité.

Or, en 1921, pendant que je me trouvais à Londres, après de longues absences de France, se produisit l'offensive relativiste. Chacun peut se rappeler avec quelle rapidité, à l'aide de quelle tapageuse publicité Einstein devint célèbre. Articles, conférences, encouragements par les sociétés savantes, tout fut mis en œuvre pour vulgariser en quelques mois la Relativité. Étonné de tout ce que je lisais d'absurdités et de paradoxes, sachant bien que ce mouvement ne pouvait avoir pris naissance du jour au lendemain, je cherchai à me renseigner le plus vite possible sur les causes et les origines de cette audacieuse révolution scientifique.

Ce fut dans le livre de M. Becquerel, un polytechnicien, sur la Relativité, que je découvris le pot aux roses. Laissant de côté tout l'appareil mathématique de ce livre, toutes les soi-disant démonstrations rigoureuses des pires absurdités, je me rendis vite compte qu'il devait y avoir dans ces théories une grave erreur de principe. Et c'est alors que je lus pour la première fois qu'il existe une expérience qui prouve que la terre ne bouge pas. Mais voici la façon dont la présente M. Becquerel :

« Cette étude nous conduira à l'expérience célèbre par laquelle Michelson avait pensé mettre en évidence le mouvement de la terre ; nous rencontrerons entre l'effet prévu et le résultat expérimental, une discordance complète et nous chercherons les causes profondes de ce désaccord ».

Et plus loin :

« On n'a jamais obtenu dans l'expérience de Michelson aucun déplacement des franges à aucune époque de l'année. Tout se passe comme si la terre était immobile. Le désaccord entre l'expérience et la théorie est brutal ».

En me documentant davantage, j'appris non sans stupéfaction, que cette expérience dont mes professeurs ne m'avaient jamais parlé, avait été faite par le savant officiel Michelson, à Chicago, dès 1880, et répétée par lui un grand nombre de fois jusqu'en 1887. Et c'est ici que j'appelle instamment l'attention des lecteurs.

De 1880 à 1887, c'est à dire il y a cinquante ans, Michelson avait essayé, à l'aide d'un appareil étudié d'une façon très logique, de déceler et de mesurer la vitesse de la terre autour du soleil. Son appareil avait toujours répondu : vitesse nulle. Logiquement, il fallait en conclure que la terre ne bouge pas ; mais les maîtres de la science laissèrent ces expériences sous le boisseau. Pourquoi ne les ont-ils pas vulgarisées ? Pourquoi ne les ont-ils pas rendues classiques comme toutes les autres ? Pourquoi les ont-ils cachées aux professeurs et aux instituteurs d'alors ? Avaient-ils peur de ralentir le zèle et de refroidir l'enthousiasme des tribuns et des vulgarisateurs qui détruisaient alors à qui mieux mieux les anciennes croyances dans les masses populaires au nom de l'affaire Galilée ?

Et mes lecteurs comprendront maintenant toute la gravité de la question que je viens aborder dans ces colonnes, ils devineront avec quelle patiente résolution j'en ai fouillé les profondeurs depuis douze ans, et combien je suis heureux d'annoncer comme prochains articles les irréfutables démonstrations, basées sur quatre expériences de cette simple vérité : La Terre ne bouge pas !

IV La première expérience de Michelson

Il existe deux expériences de Michelson : la première était destinée à déceler et à mesurer la vitesse de translation de la terre dans l'espace ; la seconde a été imaginée pour déceler et mesurer la vitesse du mouvement diurne, c'est-à-dire la vitesse de rotation de la Terre, si la terre tourne sur elle-même ; ou la vitesse de l'éther autour de la terre, si elle ne tourne pas. C'est de la première expérience que je m'occupe aujourd'hui.

Il sortirait du cadre de ce journal de donner les détails techniques et les figures nécessaires à la description du principe et de l'appareil de Michelson, mais elle pourrait être facilement faite dans les cours de physique en mathématiques élémentaires, à propos des interférences en optique, avec les calculs forts simples qui permirent à Michelson, dès 1880, de réaliser son génial appareil. Le principe est de faire interférer deux groupes de rayons lumineux dont chacun est

27

constitué par un faisceau qui se réfléchit sur un miroir pour revenir sur lui-même. Mais l'un des faisceaux est orienté de l'Est à l'Ouest, l'autre du Nord au Sud ; la vitesse de la terre n'influence donc que l'un des faisceaux, celui qui est orienté Est-Ouest. En faisant tourner l'ensemble de l'appareil de 90 degrés, l'influence de la vitesse de la terre change de faisceau, de sorte que les franges d'interférence doivent se déplacer d'une quantité facile à calculer, d'après la vitesse supposée de la terre autour du soleil, qu'on affirme être de 30 kilomètres par seconde. L'appareil de Michelson aurait pu d'ailleurs déceler une vitesse bien plus faible, par exemple cinq kilomètres par seconde. J'ai déjà dit dans le précédent article que les franges d'interférence ne se déplacèrent jamais.

Depuis douze ans qu'on a vulgarisé la Relativité, on a souvent parlé dans des publications scientifiques de « l'expérience NÉGATIVE de Michelson ». L'expression me fit bondir la première fois que je la lus. Comment une EXPÉRIENCE, seule base physique de vérité scientifique, pourrait-elle être NÉGATIVE ? Mais, peu à peu, j'ai compris : c'est une expression si commode pour conserver ses illusions ! Vous voulez vérifier une hypothèse qui vous est chère, mais l'expérience prouve juste le contraire ; qu'importe : expérience négative ! Et c'est bien commode aussi pour entrer dans le relativisme et défier toute contradiction. Vous voulez croire que votre mouchoir est noir ; rien de plus simple : sortez-le de votre poche, il vous apparaît tout blanc ; mais dites seulement : « expérience négative ! la vision ne peut prouver que mon mouchoir est noir ».

Je connais un agrégé de l'Université qui enseigne à ses élèves que la table sur laquelle ils écrivent n'existe pas. - Mais, Monsieur, vous la touchez.- Expérience négative. -Le verre d'eau que vous venez de boire était bien sur la table. -Expérience négative, vous dis-je.- Comment pouvoir espérer que cet agrégé voudra remonter de la table au bois dont elle est faite, du bois à l'arbre, à la forêt pleine de chants d'oiseaux et de la forêt à Dieu ? Comme il est plus simple, n'est-il pas vrai, de récuser l'univers, ce témoin gênant de l'existence de Dieu : « l'Univers ! expérience négative : l'univers n'existe pas ! ».

***

Mes conversations au sujet de l'expérience de Michelson avec des professeurs ou des astronomes m'ont vite prouvé qu'elle était peu connue. Certains en niaient l'existence ; d'autres la considéraient comme très délicate ; tous se retranchaient derrière leur incompétence, un bien mol oreiller, parfois pour éviter l'effort. Je puis maintenant donner une preuve publique que cette expérience est bien réelle, très rigoureuse et facile à comprendre : il me suffira d'ouvrir le numéro du 1ᵉʳ Octobre 1932 de la revue « *La Nature* », dans laquelle les relativistes ont toute liberté d'action sans avoir à craindre la contradiction. Les lecteurs qui s'y reporteront trouveront des détails et des figures sur l'appareil, mais malheureusement, aucun renseignement ne s'y trouve sur le principe de l'expérience.

L'article est intitulé : « Le principe du vent d'éther. - La répétition à Iéna de l'expérience de Michelson ». Je cite : « On sait que les expériences classiques de Michelson aux États-Unis n'avaient révélé aucune variation de la vitesse de la lumière, que celle-ci fut dirigée dans la direction du mouvement de translation de la terre ou perpendiculairement à cette direction ».

Remarquons en passant, tout d'abord, que ce fait n'a rien d'étonnant si le mouvement de translation n'existe pas. De plus, l'adjectif « classique » appliqué à l'expérience prête à équivoque. On ne trouve trace de l'expérience de Michelson dans aucun livre classique de physique, même dans les plus volumineux. Évidemment elle est classique pour les relativistes renseignés : cela prouve bien que la science classique trompe ses élèves en n'en soufflant pas un mot. Continuons :

« A l'inverse de l'air atmosphérique immobile à peu de distance d'un train express et qui aux voyageurs de celui-ci semble animé d'un mouvement violent, l'éther ne se déplacerait donc d'aucunement par rapport à la terre ». Encore une fois, si le train est immobile, le voyageur à la portière ne sentira aucun vent. Continuons :

« A l'inverse de l'air atmosphérique immobile à peu de distance d'un train express et qui aux voyageurs de celui-ci, semble animé d'un mouvement violent, l'éther ne se déplacerait donc aucunement par rapport à la terre. » Encore une fois, si le train est immobile, le voyageur à la portière ne sentira aucun vent. Continuons :

« La figure fait voir les résultats d'une de ces séries d'expériences. Les stries blanches (les bandes d'interférences) parfaitement rectilignes prouvent, dans les limites des erreurs expérimentales, l'absence de tout vent d'éther. S'il existe un effet de vent, il est inférieur à un millième de la largeur de la strie, c'est-à-dire que le vent d'éther serait lui-même inférieur à 1.500 mètres par seconde ».

En bon français cela veut dire que la vitesse de la terre autour du soleil, si elle existe, ne dépasse certainement pas les 1.500 mètres par seconde. Nous voilà loin des 30.000 mètres par seconde inscrits dans tous les livres scolaires de cosmographie. Mais continuons encore :

« Les considérations suivantes font comprendre l'extrême précision des mesures. Les rayons lumineux à l'intérieur de l'appareil parcourent un chemin d'environ 21 mètres. Or les vues photographiques permettaient de constater dans ce chemin des variations dans le rapport de 1 centimètre à 384 kilomètres ». Voilà donc réglée la question de haute précision de l'expérience. Et voici la conclusion de l'article :

« On peut donc dire que le résultat annoncé pour la première fois, il y a près de cinquante ans aujourd'hui par Michelson, à savoir l'absence de vent d'éther, est à nouveau pleinement confirmé par les nouvelles expériences exécutées à Iéna ». Remarquons en passant que Michelson n'a jamais parlé de vent d'éther. Il mesurait la vitesse de la terre dans l'espace. Il est donc maintenant bien prouvé que son appareil lui indiquait vitesse nulle et que depuis cinquante ans la science moderne et avec elle l'enseignement officiel enseigne une erreur. La terre ne bouge pas !

V La deuxième Expérience de Michelson

La deuxième expérience de Michelson est basée sur le même principe d'interférence de faisceaux de rayons lumineux animés de vitesses longitudinales différentes, mais l'appareil diffère totalement du précédent. Michelson l'avait imaginé aussi vers 1880, mais, chose curieuse qui intéresse ceux qui voudraient fouiller les dessous de la Relativité, elle ne fut réalisée qu'en 1922. À l'inverse de la première, elle mit en évidence, dès le premier essai, ce qu'on lui demandait, c'est-à-dire la vitesse du mouvement diurne. J'appelle ainsi, soit la vitesse de la rotation de la Terre, si elle tourne, soit la vitesse de rotation de l'éther autour de la terre, si cette dernière ne tourne pas. Dans la première expérience, la vitesse que l'on cherchait à déterminer, celle de la terre autour du soleil, n'était, en somme, qu'une hypothèse, car il n'existe aucune expérience de physique démontrant le mouvement de la Terre autour du soleil. Au contraire, dans la seconde, la vitesse du mouvement diurne est parfaitement connue à l'avance ; elle est d'un tour par jour, c'est à dire en un point de l'équateur terrestre, de 40.000 kilomètres en 24 heures, soit de 463 mètres par seconde. À mesure qu'on se rapproche de pôle Nord, cette vitesse diminue, tout comme la longueur de chaque parallèle, tout comme le rayon de ce parallèle, proportionnellement au cosinus de la latitude, de sorte qu'à Dunkerque la vitesse n'est plus que de 291 mètres par seconde. C'est la vitesse que devrait prendre un avion en partant de Dunkerque, à midi cap à l'Ouest pour avoir toujours le soleil en plein midi. Cette vitesse est très inférieure à celle de 1.500 mètres que l'appareil d'Iéna est déjà impuissant à déceler, et je dois expliquer pourquoi on a pu construire un appareil indiquant du premier coup cette faible vitesse. C'est que le premier appareil doit pouvoir tourner autour d'un axe vertical, ce qui limite très vite ses dimensions et par conséquent ses possibilités. Le second, au contraire, peut être installé à poste fixe et recevoir les dimensions suffisantes pour déceler de très faibles vitesses.

En allant de Dunkerque vers le Nord, la vitesse du mouvement diurne diminue, de dix à onze centimètres par mille marin (le mille marin est la longueur de l'arc d'une minute sur un méridien terrestre, elle est de 1.852 mètres). Si donc on construit un long rectangle dont les grands côtés sont orientés de l'est à l'ouest et distants par exemple de 300 mètres, les grands côtés seront soumis à des vitesses longitudinales différentes. La différence de ces vitesses est évidemment faible, mais on peut allonger ces côtés autant qu'il faut pour mesurer cette faible différence.

L'appareil se composait d'une canalisation rectangulaire de 30 centimètres de diamètre, en forme de rectangle de 603 mètres sur 334. Le parcours des rayons lumineux circulant dans les deux sens, à l'aide de miroirs inclinés placés aux sommets du rectangle, était donc d'environ 1.200 mètres, tandis qu'à Iéna il était seulement de 21 mètres. On conçoit donc que l'appareil permettait de vérifier à coup sûr la vitesse du mouvement diurne. D'ailleurs, il ne pouvait pas déceler le mouvement de translation de la terre, même si ce mouvement existe, car ce mouvement de translation agit avec la même vitesse et dans le même sens sur les deux faisceaux lumineux des longs côtés. Cette expérience vient donc confirmer l'existence du mouvement diurne comme l'expérience du pendule de Foucault ou comme les propriétés des gyroscopes. Je montrerai plus tard que ces expériences s'interprètent aussi bien en faveur de la rotation de la Terre qu'en faveur de la rotation de l'éther autour de la terre, mais l'intérêt de la seconde expérience de Michelson pour ce qui nous occupe actuellement est qu'elle permet d'écarter la seule explication que la science classique pourrait donner du résultat négatif de la première expérience. Elle pourrait soutenir que l'éther est entraîné par la terre en mouvement ; on peut affirmer maintenant que, s'il existait, l'entraînement aurait lieu aussi bien dans la rotation que dans la translation ; or, la seconde expérience prouve que l'éther n'est pas entraîné par la rotation.

C'est encore de la revue « *La Nature* » que je tire les preuves de l'existence et de la grande précision de cette expérience fort peu connue. L'article est dans le numéro du 15 juin 1925, sous le titre : « Une nouvelle expérience de Michelson ». Je cite sans interruption ; les lecteurs maintenant prévenus sauront voir avec quelle simplicité tout s'explique si la terre est immobile.

« Une expérience de Fizeau, répétée maintes fois, démontrait d'une façon péremptoire que l'éther n'est pas entraîné par les corps en mouvement. Il est donc immobile dans l'espace et constitue un milieu au repos absolu. On doit par suite en conclure la possibilité de mettre en évidence, par des expériences d'optique sur la terre, qui est animée d'un mouvement de translation et de rotation au milieu de cet éther, l'existence d'un vent d'éther. L'expérience de Michelson, exécutée pour la première fois en 1882, reprise avec plus de précision en 1887, avait pour objet de déceler le vent d'éther provoqué par la translation de la terre, vent dont l'existence, en raison de l'expérience de Fizeau, ne faisant alors aucun doute. À l'étonnement général, l'expérience de Michelson démontra d'une façon tout aussi péremptoire, l'absence de tout vent d'éther dû au mouvement de translation de la terre et l'on en devait conclure à l'entraînement total de l'éther. Comment concilier cette contradiction absolue entre deux expériences, l'une et l'autre irréfutables ? La tâche n'était pas aisée ; elle a provoqué les méditations et les travaux des physiciens et mathématiciens les plus éminents, les Lorentz, les Poincaré, pour aboutir aux théories d'Einstein et de ses adeptes ».

Il n'y avait aucune contradiction à concilier : dans l'expérience de Fizeau, expérience de laboratoire, le corps (en l'espèce de l'eau) était réellement en mouvement, on connaissait même sa vitesse et on constatait le vent d'éther par le déplacement des franges. Dans l'expérience de Michelson, au contraire, on admettait que la terre avait une vitesse qu'elle ne possède pas en réalité, et naturellement on n'observait aucun vent d'éther.

Et on est en droit de se demander pour quels ténébreux motifs ces éminents savants se sont lancés dans une absurde acrobatie en cherchant midi à quatorze heures.

L'auteur donne ensuite la description du rectangle, la formule du déplacement des franges et ajoute :

« Ils devaient observer un déplacement de 0,236 de frange. Ils ont trouvé comme moyenne de 269 observations le nombre de 0,230, accord très satisfaisant...... Ainsi, alors qu'on ne peut mettre en évidence le vent d'éther dû à la translation de la terre, on peut, au contraire, déceler celui qui provient de sa rotation ».

On comprend que la science classique n'ose pas imprimer cette dernière phrase dans ses livres : les grands auraient tôt fait de jeter au feu leurs cours de cosmographie et les petits s'empresseraient de déchirer la première page de leurs géographies, où l'on voit d'habitude une terre verte tournant autour d'un soleil d'or dans un ciel azuré, le long d'une gracieuse ellipse.

Il est d'ailleurs très simple de mettre les deux camps au pied du mur. Qu'on perfectionne encore l'appareil d'Iéna ; il pourrait actuellement déceler une vitesse d'au moins 1.500 mètres par seconde ; qu'on l'adapte à des vitesses plus faibles, par exemple 200 à 300 mètres ; il décèlera alors immédiatement la vitesse du mouvement diurne et l'expérience de Michelson cessera d'être « négative ». Je puis même prédire que l'appareil perfectionné enregistrera des variations de la vitesse de l'éther oscillant aux environs de 291 mètres par seconde (pour Dunkerque) ; ces oscillations provenant de l'influence du mouvement de la lune et du soleil sur l'éther, comme pour les marées.

Mais l'Optique n'est pas la seule science physique que les savants aient interrogée sur le mouvement de la Terre. Dans le prochain article, j'exposerai les preuves, également irréfutables et également ignorées par la science classique, que l'électricité et la pesanteur donnent de l'absence de mouvement de translation. La science moderne ment ! La terre ne bouge pas !

VI La Girouette électrique

L'électricité, interrogée par les physiciens sur le mouvement de la Terre, a, comme l'optique, répondu que celle-ci n'avait pas de mouvement de translation.

Imaginez une lame rectangulaire de verre, assez allongée, verticale, son long côté restant horizontal, et suspendue par un fil attaché au milieu de son long côté. Sur chaque face de la lame on colle, comme pour un condensateur électrique ou une bouteille de Leyde, deux bandes de papier d'étain qu'on charge l'électricité de noms contraires. Cet appareil, convenablement construit a la propriété de s'orienter dans le sens de son mouvement, le long côté restant parallèle à la vitesse, d'où son nom de girouette électrique. Dans l'expérience appliquée à la détection du mouvement de translation de la terre, on avait réglé les dimensions et la tension électrique pour déceler une vitesse de 30 kilomètres par seconde, mais la girouette est restée en équilibre indifférent, elle ne s'est pas orientée. Cette expérience faite par Trouton et Noble avant la vulgarisation de la Relativité prouve donc bien l'absence de la translation. Un physicien pourrait aisément la refaire actuellement en profitant des énormes progrès réalisés en électricité à haute tension, et la mettre au même degré de précision que les expériences de Michelson, et surtout que la dernière dont il me reste à parler, celle où la pesanteur a rendu le même verdict que ci-dessus.

VII Le Gravimètre

On appelle ainsi un appareil qui mesure l'intensité du champ de pesanteur, ou si l'on préfère, l'accélération de la pesanteur qui varie selon la position dans l'espace. Tous les écoliers savent que g., comme on l'appelle, est égal à 981 centimètres par seconde en France. Elle varie avec l'altitude, et il existe des gravimètres transportables assez sensibles pour prouver que l'accélération de la pesanteur n'est pas la même au rez-de-chaussée qu'au premier étage. Pour cette expérience, ma tâche est très facile et ma science ne date pas de bien longtemps. Voici ce que j'ai trouvé dans le numéro de « *La Nature* » du 1er Avril 1933 :

« Les fluctuations périodiques de la pesanteur – Nouvelles recherches des physiciens de Marbourg – Les attractions du soleil et de la lune, cause du flux et du reflux de la mer, donnent lieu aussi à des variations périodiques de la pesanteur, se manifestant par des fluctuations du poids des corps. En outre, suivant les indications de Courvoisier, déduites d'observations très nombreuses et très variées, il existerait à la surface de la Terre des fluctuations environ dix fois plus fortes de l'accélération de la pesanteur, fluctuations dues au déplacement de la terre dans l'espace (translation). La mise en évidence d'un tel effet aurait évidemment une importance scientifique énorme.

M. R. Tomascheck, professeur à l'Université de Marbourg, en collaboration avec M. Schaffernicht, s'est proposé d'élucider ces phénomènes en recourant à un dispositif, d'une précision jusqu'ici inégalée, installé dans une galerie à environ 20 mètres en dessous de sol. (Suit la description de l'appareil appelé gravimètre bifilaire)... C'est ainsi que la sensibilité de l'appareil a pu être poussée au point de déceler les variations de la pesanteur, allant jusqu'à un milliardième de sa valeur. La figure 2 représente un digramme enregistré par ce dispositif. On y reconnaît clairement comment la pesanteur décroît lors de la culmination (passage au méridien supérieur) de la lune ; une analyse détaillée des courbes fait voir que tous les détails de fluctuations de la pesanteur déterminées par les positions variables de la lune et du soleil au firmament s'y retrouvent en effet.

Le résultat d'une série ininterrompue d'essais de

plusieurs mois est particulièrement intéressant, car il ne fait voir aucune trace de la variation, dépassant celle occasionnée par le soleil et la lune, qu'indique Courvoisier et qui devrait être environ 30 fois supérieure à celles mises en évidence. C'est dire que le déplacement (translation) de la terre dans l'espace ne saurait se démontrer par des mesures de la pesanteur. Voilà une importante confirmation expérimentale des bases de la théorie de la Relativité ».

Si vous n'avez pas eu un sursaut en lisant ce texte, relisez seulement le dernier alinéa. Courvoisier prédit que, puisque la terre se déplace dans l'espace, on trouvera tel résultat dans l'expérience. On fait l'expérience et on ne trouve pas trace de l'effet prévu. Votre bon sens, laissé à lui-même, conclurait naturellement que la terre ne bouge pas : mais *immédiatement* on vous lance un : donc le mouvement de la Terre ne peut pas se démontrer par la pesanteur. N'est-ce pas, mot pour mot, le coup du mouchoir noir par définition, mais qu'on voit blanc chaque fois qu'on le regarde, parce que la couleur du mouchoir ne peut pas se démontrer par la vision.

La dernière phrase de la citation prouve également que les bases de la Relativité se réduisent à ceci : « Dans trois expériences, les trois seules qu'on ait faites sur la translation de la terre,

45

tout se passe comme si la terre est immobile, mais tout le monde sait bien qu'elle bouge, donc vive l'absurdité et à bas le bon sens ! »

VIII Première Conclusion pratique

La cause est entendue. Une première conclusion de notre travail scientifique s'impose donc : la terre n'a pas de mouvement de translation ; elle ne tourne donc pas autour du soleil, et le scandaleux silence de la Science classique, au sujet de toutes ces superbes expériences, dans son enseignement public et dans sa vulgarisation populaire, est une confirmation de cette conclusion.

Si j'ai laissé un point dans l'ombre, qu'on me le dise, mais qu'on s'abstienne de jeter, dans ce débat, des mathématiques ou de mystérieuses hypothèses dont je n'ai d'ailleurs nul besoin pour les démonstrations futures. Que le contradicteur, s'il s'en présente, parle, comme moi, un langage compréhensible à tous, en définissant toujours exactement l'objet physique dont il parle.

D'ailleurs, les lecteurs pensent bien que je n'ai pas l'intention de transformer un journal, toujours si objectif, en une Académie des Sciences. Une seule suffit bien, hélas ! pour étudier les hyperespaces à trois ou quatre dimensions et les autres rébus algébriques, malhonnêtement décorés de noms géométriques. D'autres soins nous réclament : des premières tranchées que nous venons de conquérir, nous avons tout le loisir, avant de reprendre notre offensive scientifique, de regarder autour de nous. L'enseignement public, et avec lui la politique, la philosophie, le problème religieux lui-même, sont devant nos yeux.

La fausse science, la science de gauche, s'est depuis longtemps heurtée à un mur, elle est dans une impasse, et le mur de bon sens est plus solide qu'elle ne le croit. Hélas ! elle a réussi à entraîner dans l'impasse tout le centre, professeurs ou instituteurs laïques, et les catholiques eux-mêmes, dont certains s'imaginent encore que le péril de gauche, des Einstein, des Painlevé, des Borel, des Langevin, n'existe pas. N'est-ce pas exactement comme en politique !

Et de mon petit secteur scientifique, je vais continuer à combattre vaillamment pour la vraie Science et pour la Vérité.

Car, maintenant, nous sommes savants, plus savants qu'Einstein, plus savants même que l'abbé Moreux, car on est bien plus riche, quand on possède seulement les fondations solides et inébranlables d'une maison en construction, plutôt qu'un château de cartes plus ou moins brillantes, qui a été démoli par le premier souffle de vérité, parce qu'il était élevé sur des erreurs et des absurdités, oui, je dis bien : sur des hérésies, des erreurs et des absurdités comme le proclamaient, et par conséquent comme le prophétisaient en 1615, les cardinaux du pape Paul V, et en 1633, plus gravement encore, les cardinaux du pape urbain VIII, dans les deux affaires Galilée. La terre ne bouge pas !

Donnez votre avis !

Merci d'avoir lu ce livre. S'il vous a intéressé, pouvez-vous lui mettre un commentaire sur le site où vous l'avez acheté ?

Votre avis aidera les lecteurs qui sont intéressés, mais qui se demandent si sa lecture en vaut la peine, à se décider. Cela vous prendra quelques minutes, pas davantage, et vous nous aiderez ainsi à vous préparer d'autres livres de qualité.

D'avance, merci.

Lucia Canovi

Catalogue
des éditions lucia-canovi.com

LIBERTÉ • VÉRITÉ • CLARTÉ
Des mots qui aident, guident, réconfortent,
encouragent, éclairent, élèvent ou libèrent...

Nos livres sont disponibles aux formats pdf, .mobi et epub.
et nos programmes audios, au format mp3
En vente sur les sites lucia-canovi.com, amazon, kobo, etc.

**Programmes audios à base d'offirmations
– ce n'est PAS une faute d'orthographe !**
Les offirmations sont des questions en
« pourquoi » et en « nous » inspirées d'Émile Coué
et de Noah Saint-John, questions qui permettent,
quand on les écoute régulièrement, de programmer
son cerveau pour atteindre n'importe quel objectif
et réaliser ses rêves.

Écoutez tous les jours *100 % confiance en soi* et
au bout de 30 jours, vous aurez une inébranlable
confiance en vous-même.

Pour garder votre calme en toutes circonstances, écoutez tous les jours *Enfin Calme.*

Pour être heureux quoi qu'il arrive, écoutez tous les jours *Enfin Heureu*x.

Pour apprendre l'anglais avec rapidité et facilité, écoutez tous les jours *Enfin Bilingue.*

Pour apprendre l'arabe avec enthousiasme et plaisir, écoutez tous les jours *Enfin Bilingue en arabe.*

Parentalité
Parents heureux, enfants joyeux ! Proverbes et citations motivantes pour familles aimantes, de Anna Fonseca

Histoire
La révolution française : une conspiration ?, d'Augustin Barruel

Études/Art d'écrire
7 secrets pour réussir brillamment ses études sans le moindre stress !, de Lucia Canovi.
Écrire une scène d'action en s'inspirant d'un grand romancier, de Lucia Canovi

Apprentissage des langues
La Clé De L'Anglais: 365 offirmations* pour

apprendre l'anglais avec enthousiasme, persévérance et plaisir [Ce n'est PAS une faute d'orthographe], de Lucia Canovi

Psychanalyse
Freud tueur en série : vrais meurtres et théorie erronée, d'Eric Miller
Secrets et dangers de la psychanalyse : Freud n'est pas votre ami, de Lucia Canovi

Science
Sept mensonges de la science, de Lucia Canovi
La terre ne bouge pas, de Gustave Plaisant
La terre est immobile : preuve que la terre ne tourne ni autour de son axe, ni autour du soleil, Carl Schoepffer

Féminisme et sexisme
Sept mensonges du féminisme, de Lucia Canovi
Sept mensonges du sexisme, de Lucia Canovi

Religion/spiritualité
Eckhart Tolle et l'idiocratie : découvrez la doctrine et les effets d'un grand maître spirituel," de Lucia Canovi
L'Islam au-delà des apparences, de Lucia Canovi
Pourquoi j'ai embrassé l'Islam, d'Anselme Turmeda

Essais/Actualité

Réfléchissez ! Racisme, antisémitisme, quenelle et autres sujets sensibles, de Lucia Canovi

Conversations avec l'ennemi de Dieu : le mal au XXIe siècle, de Lucia Canovi

Le Lait du Mensonge : Fragments d'une parole sincère, de Lucia Canovi

Êtes-vous Charlie ?, de Lucia Canovi

Le piroptimisme : faut-il soigner le mal par le mal ?, de Lucia Canovi

Roman

Un baron en caravane, de Elisabeth Von Arnim

Amour et mensonges sous le ciel d'Italie, de Jean Webster

Horace, de George Sand

Les dames vertes, de George Sand

Nanon, de George Sand

Cecilia, de Fanny Burney (12 volumes)

Développement personnel/Psychologie

Mentalpax : Antidépresseur naturel sous forme de livre préconisé dans le traitement de l'anxiété, des idées noires, de la dépression et des autres diagnostics, de Lucia Canovi

Marre de la vie ? Tuez la dépression avant qu'elle ne vous tue !, de Lucia Canovi

Le trésor : Les questions sont des clés. Les clés

ouvrent des coffres. De Lucia Canovi

La clé de la confiance en soi: 235 offirmations* pour entrer en contact avec votre force intérieure [Ce n'est PAS une faute d'orthographe], de Lucia Canovi

La clé du bonheur : 365 offirmations* pour surmonter dépression, découragement, déprime et être heureux en toutes circonstances [Ce n'est PAS une faute d'orthographe], de Lucia Canovi

La Clé du Calme : 365 offirmations* pour triompher de l'anxiété, du stress, de la colère et trouver la sérénité [Ce n'est PAS une faute d'orthographe], de Lucia Canovi

La Clé de la Richesse : 365 offirmations* à se poser pour s'enrichir malgré la crise [Ce n'est PAS une faute d'orthographe], de Lucia Canovi

Le petit livre de la paix intérieure : Proverbes anti-stress et citations calmantes, de Lucia Canovi

Le petit livre qui fortifie : Proverbes réconfortants et citations motivantes, de Lucia Canovi

Aller mal quand tout va bien : La dépression dédramatisée, de Lucia Canovi

La dépression est-elle une vraie maladie ? 9 idées fausses sur la tristesse et le mal-être, de Lucia Canovi

Et si la dépression avait un sens ?, de Lucia Canovi

Les vraies causes de la dépression, de Lucia

Canovi

Libérez-vous de l'alcool et de la cigarette : Comprendre le joug pour le briser, de Lucia Canovi

Vivez jusqu'au bout ! Suicide, mode de non-emploi, de Lucia Canovi

Vous n'êtes pas fou ! Les maladies mentales démystifiées, de Lucia Canovi

Antidépresseurs, mensonges et conséquences, de Lucia Canovi

Torture ou thérapie ? La vérité sur les électrochocs, de Lucia Canovi

Enfin heureux ! Cinq thérapies gratuites et efficaces pour retrouver le sourire, de Lucia Canovi

La dépression sans nom, de Lucia Canovi

OrdiZen : La méthode de rangement qui permet de savoir exactement où est quoi dans son ordinateur... et de le retrouver rapidement !, de Lucia Canovi

À propos de Lucia Canovi

Lucia Canovi est auteur, éditeur et iconoclaste. Sa vie comporte trois actes très différents.

Premier Acte : Adeline Aragon gagne six prix littéraires, réussit ses études de lettres modernes et obtient du premier coup l'agrégation, concours réputé pour sa difficulté. Après ces brillantes études, désorientée, elle se tourne vers l'enseignement moins par choix que par impossibilité de changer en gagne-pain l'écriture, sa vocation de toujours. Pendant ce premier acte, elle est athée, cartésienne et militante féministe (Voir son livre *Sept mensonges du féminisme*).

Deuxième Acte : profondément insatisfaite de sa vie même si elle a « tout », à 27 ans elle se lance dans l'astrologie, le tarot et le russe, se teint les cheveux en rouge vif, quitte sa Toulouse natale pour Paris, et troque son rationalisme contre un mysticisme échevelé qui la mène à l'hôpital psychiatrique pour deux semaines. Loin de lui apporter le bonheur, cette route tortueuse se révèle de moins en moins carrossable. Pendant ce second acte, elle fume, boit, construit des châteaux en Espagne (voir son livre *Libérez-vous de l'alcool et de la cigarette : comprendre le joug pour le briser*), continue à écrire sans convaincre aucun éditeur de son génie, et adopte toutes les croyances du Nouvel Âge, dont la réincarnation. Elle est alors une disciple enthousiaste d'Eckhart Tolle (Voir son livre *Eckhart Tolle et l'idiocratie : doctrine et effets d'un « grand maître spirituel »*).

Troisième Acte : arrivée au bout de ses ressources financières, sans ami et sans amour, pour la première fois de sa vie elle se tourne vers Dieu pour Lui demander Son aide. Une semaine après, elle rencontre l'homme de sa vie qui lui propose immédiatement le mariage et l'Islam. Le coup de foudre étant réciproque, elle accepte le mariage. Quelques mois et d'innombrables lectures plus tard, dont *Le Mensonge de l'évolution* d'Harun Yayha, pour son plus grand bonheur elle se convertit à l'Islam.

Encouragée par son mari, elle se remet à l'écriture sous le nom de plume de Lucia Canovi avec un enthousiasme renouvelé et un but bien précis : aider les personnes qui souffrent comme elle a souffert. Son grand livre *Mentalpax : antidépresseur naturel sous forme de livre préconisé dans le traitement de l'anxiété, des idées noires, de la dépression et des autres diagnostics (*publié dans une première version sous le titre *Marre de la vie ?)* est le fruit de huit années de recherches ; les lecteurs l'adorent.

Par la suite, elle écrit sur toutes sortes de sujets,

avec un intérêt particulier pour la logique, le développement personnel (voir en particulier son livre *Le trésor : découvrez la méthode la plus simple de vous faire des alliés et de réaliser vos rêves*), la religion (voir son livre *L'Islam au-delà des apparences*) et le mal sous toutes ses formes (voir son livre *Conversations avec l'ennemi de Dieu : le mal au XXIe siècle*).

En 2015, prenant conscience qu'il ne sert à rien d'attendre l'éditeur charmant, Lucia Canovi se décide à créer sa propre maison d'édition par internet, **lucia-canovi.com,** ce qui lui donne l'opportunité de publier *Freud tueur en série : vrais meurtres et théorie erronée*, chef-d'oeuvre d'investigation où Eric Miller prouve par A+B que Freud a sauvagement assassiné son neveu John, ainsi que quelques-uns de ses amis et quelques unes de ses patientes.

Iconoclaste, Lucia Canovi prend un plaisir subversif à mettre en pièces les mensonges les mieux établis, démolissant en priorité les impostures qui, en raison de leur ancienneté ou de leur succès quasi universel, semblent infiniment plus vénérables que les vérités ridiculisées qu'elles prétendent remplacer.

Aujourd'hui, Lucia Canovi vit tranquillement en Algérie avec son mari et ses deux enfants, et s'emploie à offrir le meilleur à ses lecteurs de plus en plus nombreux. Ses livres sont traduits en anglais, espagnol, allemand, italien, portugais, japonais, russe et néerlandais. Vous pouvez lui écrire à lucia@lucia-canovi.com.

Quittez les chemins battus !

Vous voulez quitter l'autoroute où tout le monde s'entasse pour trouver le (vrai) bonheur ?

Inscrivez-vous gratuitement à la lettre bleue. La lettre bleue, c'est une goutte de sagesse, de courage et d'anticonformisme tous les matins, sous la forme d'une citation commentée. Inscrivez-vous maintenant, et récupérez du même coup les 20 premières pages du *Trésor.*

C'est ici : http://lucia-canovi.com

Vous pouvez aussi me suivre sur YouTube :

www.youtube.com/LuciaCanovi

Table